Crea tu propia VPN: Una guía paso a paso

ISBN 979-8987508992

cualquier pérdida, daño o interrupción causada por errores u omisiones, ya sea que dichos errores u omisiones sean resultado de negligencia, accidente o cualquier otra causa.

Tabla de Contenido

1 Introducción

1.1 Por qué crear tu propia VPN

En la era digital actual, la privacidad y la seguridad en línea se han vuelto cada vez más importantes. Los piratas informáticos y otros actores maliciosos buscan constantemente formas de robar información personal y datos confidenciales, por lo que es esencial tomar las medidas necesarias para proteger nuestras actividades en línea.

Una forma de mejorar la privacidad y la seguridad en línea es crear tu propia red privada virtual (VPN), la cual puede ofrecer una gran variedad de beneficios, como:

1. Mayor privacidad: Al crear tu propia VPN, puedes asegurarte de que tu tráfico de Internet esté encriptado y oculto de miradas indiscretas, como tu proveedor de servicios de Internet. El uso de una VPN puede ser especialmente útil al utilizar redes de Wi-Fi no seguras, como las que se encuentran en cafeterías, aeropuertos o habitaciones de hotel. También puede evitar que tus actividades en línea y tus datos personales sean rastreados, monitoreados o interceptados.

2. Mayor seguridad: Los servicios de VPN públicos pueden ser vulnerables a ataques y filtraciones de datos, lo que puede exponer tu información personal a los ciberdelincuentes. Al crear tu propia VPN, puedes tener un mayor control sobre la seguridad de tu conexión y los datos que se transmiten a través de la misma.

3. Acceso a contenido restringido geográficamente: Algunos sitios web y servicios en línea pueden estar restringidos en ciertas regiones, pero al conectarte a un servidor de VPN ubicado en otra región, puedes acceder a contenido que de otra manera no estaría disponible para ti.

4. Rentabilidad: Si bien hay muchos servicios de VPN públicos disponibles, la mayoría de ellos requieren una tarifa de suscripción. Al crear tu propia VPN, puedes evitar estos costos y tener más control sobre su uso de la misma.

5. Flexibilidad y personalización: Crear tu propia VPN te permite personalizar tu experiencia según tus necesidades específicas. Puedes elegir el nivel de cifrado que deseas utilizar, la ubicación del servidor y el protocolo de red, como TCP o UDP. Esta flexibilidad puede ayudarte a optimizar tu VPN para actividades específicas, como juegos, transmisiones o descargas, lo que brinda una experiencia fluida y segura.

En general, crear tu propia VPN puede ser una forma eficaz de mejorar la privacidad y la seguridad en línea, al mismo tiempo que brinda flexibilidad y rentabilidad. Con los recursos y la orientación adecuados, puede ser una inversión valiosa en tu seguridad en línea.

1.2 Acerca de este libro

Este libro es una guía paso a paso para crear tu propio servidor de VPN IPsec, OpenVPN y WireGuard. En el capítulo 2, aprenderás a crear un servidor en la nube en proveedores como DigitalOcean, Vultr, Linode y OVH. El capítulo 3 cubre la conexión al servidor mediante SSH y la configuración de

WireGuard, OpenVPN y VPN IPsec. El capítulo 4 cubre la configuración del cliente de VPN en Windows, macOS, Android e iOS. En el capítulo 5, aprenderás a administrar clientes de VPN.

VPN IPsec, OpenVPN y WireGuard son protocolos de VPN populares y ampliamente utilizados. Internet Protocol Security (IPsec) es un conjunto de protocolos de red seguros. OpenVPN es un protocolo de VPN de código abierto, sólido y altamente flexible. WireGuard es una VPN rápida y moderna diseñada con los objetivos de facilidad de uso y alto rendimiento.

2 Crear un servidor en la nube

Como primer paso, necesitarás un servidor en la nube o un servidor privado virtual (VPS) para crear tu propia VPN. Para tu referencia, aquí podrás ver algunos proveedores de servidores populares:

- DigitalOcean (https://www.digitalocean.com)
- Vultr (https://www.vultr.com)
- Linode (https://www.linode.com)
- OVH (https://www.ovhcloud.com/en/vps/)

Primero, elige un proveedor de servidor. Luego, para comenzar, consulta los pasos de ejemplo en este capítulo. Al crear tu servidor, se recomienda seleccionar la última versión de Ubuntu Linux LTS o Debian Linux (Ubuntu 24.04 o Debian 12 al momento de escribir este artículo) como sistema operativo, con 1 GB o más de memoria.

Los usuarios avanzados pueden configurar el servidor de VPN en una Raspberry Pi (https://www.raspberrypi.com). Primero, inicia sesión en tu Raspberry Pi y abre la terminal, luego sigue las instrucciones del capítulo 3, Configurar el servidor de VPN, secciones 3.2-3.5. Antes de conectarte, es posible que debas reenviar los puertos de tu enrutador a la IP local del Raspberry Pi. Consulta los puertos predeterminados para cada tipo de VPN en el capítulo 3.

2.1 Crear un servidor en DigitalOcean

1. Regístrate para crear una cuenta de DigitalOcean: Dirígete al sitio web de DigitalOcean (https://www.digitalocean.com) y regístrate para obtener una cuenta si aún no lo has hecho.

2. Una vez hayas iniciado sesión en el panel de control de DigitalOcean, haz clic en el botón de "Create" en la esquina superior derecha de la pantalla y selecciona "Droplets" en el menú desplegable.

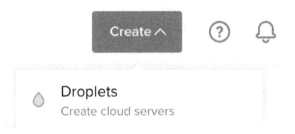

3. Selecciona una región de centro de datos de acuerdo a tus requisitos, por ejemplo, la más cercana a tu ubicación.

4. En "Choose an image", selecciona la última versión de Ubuntu Linux LTS (p.e., Ubuntu 24.04) de la lista de imágenes disponibles.

5. Elige un plan para tu servidor. Puedes seleccionar entre varias opciones de acuerdo a tus necesidades. Para una VPN personal, es probable que un plan básico de CPU compartida con una unidad SSD normal y 1 GB de memoria sea suficiente.

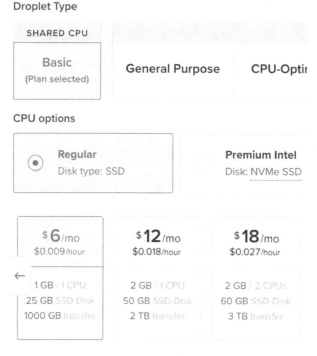

6. Selecciona "Password" como método de autenticación y luego ingresa una contraseña de root segura y fuerte. Para la seguridad de tu servidor, es fundamental que elijas una contraseña de root con las características antes mencionadas. Alternativamente, puedes usar claves SSH para la autenticación.

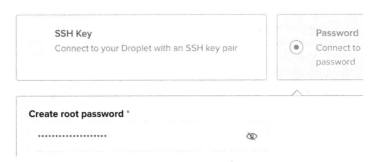

7. Selecciona cualquier opción adicional, como copias de seguridad e IPv6, si lo deseas.

— Advanced Options

☑ Enable IPv6 (free)
Enables public IPv6 networking

8. Ingresa un nombre de host para tu servidor y haz clic en "Create Droplet".

Hostname
Give your Droplets an identifying name

ubuntu

Create Droplet

9. Espera algunos minutos hasta que se cree el servidor.

Una vez que tu servidor esté listo, puedes iniciar sesión mediante SSH usando el nombre de usuario "root" y la contraseña que ingresaste al crear el servidor. Consulta el capítulo 3 para obtener más información.

2.2 Crear un servidor en Vultr

1. Regístrate para crear una cuenta de Vultr: Dirígete al sitio web de Vultr (https://www.vultr.com) y regístrate para obtener una cuenta si aún no lo has hecho.

2. Una vez hayas iniciado sesión en el panel de Vultr, haz clic en el botón de "Deploy" y selecciona "Deploy New Server".

Deploy New Server

3. Elige un tipo de plan para tu servidor. Puedes seleccionar entre varias opciones de acuerdo a tus necesidades. Para una VPN personal, es probable que un plan de CPU compartida en la nube sea suficiente.

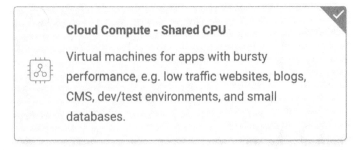

4. Elige una ubicación de servidor de acuerdo a tus requisitos, por ejemplo, la más cercana a tu ubicación.

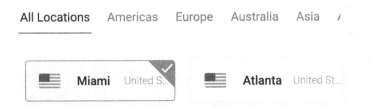

5. Seleccione la última versión de Ubuntu Linux LTS (p.e., Ubuntu 24.04) como imagen del servidor.

6. Selecciona el tamaño del servidor deseado de acuerdo a tus necesidades. Para una VPN personal, es probable que 1 GB de memoria sea suficiente.

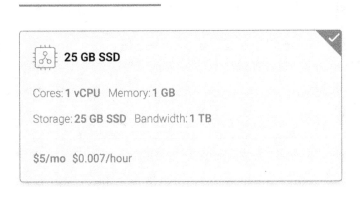

7. Elige las opciones adicionales que necesites, como IPv6.

8. Ingresa un nombre de host y una etiqueta para el servidor.

9. Haz clic en "Deploy Now".

10. Espera algunos minutos hasta que se cree el servidor.

Una vez tu servidor está listo, puedes iniciar sesión mediante SSH usando el nombre de usuario "root" y la contraseña proporcionada en el panel de control de Vultr. Consulta el capítulo 3 para obtener más información.

2.3 Crear un servidor en Linode

1. Regístrate para crear una cuenta de Linode: Dirígete al sitio web de Akamai Linode (https://www.linode.com) y regístrate para obtener una cuenta si aún no lo has hecho.

2. Una vez hayas iniciado sesión en el panel de control de Akamai Linode, haz clic en el botón de "Create" en la esquina superior izquierda de la pantalla y, entonces, selecciona "Linode" en el menú desplegable.

3. Selecciona la última versión de Ubuntu Linux LTS (p.e., Ubuntu 24.04) como imagen del servidor.

4. Elige una región en la que quieras que se ubique tu servidor y selecciona un plan en función de tus necesidades. Para una VPN personal, un plan de CPU compartida de 1 GB probablemente sea suficiente.

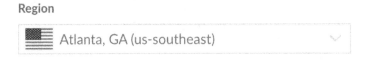

Shared CPU instances are good for medium-duty workloads and are a good mix of performance, resources, and price.

Nanode 1 GB
$5/mo ($0.0075/hr)
1 CPU, 25 GB Storage, 1 GB RAM
1 TB Transfer
40 Gbps In / 1 Gbps Out

5. Ingresa una contraseña de root segura y fuerte para la autenticación. Para la seguridad de tu servidor, es fundamental que elijas una contraseña de root que cumpla estas características. Además, también tienes la opción de usar claves SSH para la autenticación.

Root Password

⊙ ••••••••••••••••••••
━━━━━━━ ━━━━━━━ ━━━━━━━ Good

6. Selecciona cualquier opción adicional que necesites, como copias de seguridad.

Add-ons

Backups $2.00 per month
Three backup slots are executed and rotated automatically: a daily backup, a 2-7 day old backup, and an 8-14 day old backup. Plans are priced according to the Linode plan selected above.

7. Haz clic en el botón de "Create Linode".

Create Linode

8. Espera algunos minutos hasta que se cree el servidor.

Una vez que tu servidor esté listo, puedes iniciar sesión mediante SSH usando el nombre de usuario "root" y la contraseña que ingresaste al crear el servidor. Consulta el capítulo 3 para obtener más información.

2.4 Crear un servidor en OVH

1. Accede al sitio web de VPS de OVH: https://www.ovhcloud.com/en/vps/

2. Elige un plan para tu servidor. Para una VPN personal, probablemente sea suficiente un plan "starter" o "value". Haz clic en el botón de "Order now" junto al plan de VPS que quieras utilizar.

3. Selecciona "Distribution only" y, entonces, selecciona la última versión de Ubuntu Linux LTS (p.e., Ubuntu 24.04) como sistema operativo.

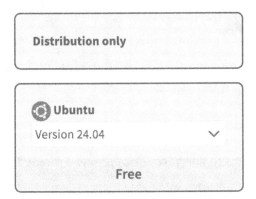

4. Elige la ubicación del centro de datos donde deseas que se ubique tu servidor.

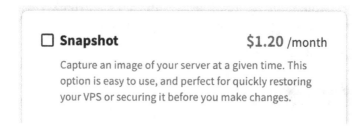

5. Selecciona las opciones adicionales que necesites, como instantáneas.

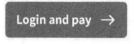

6. Revisa tu pedido y luego haz clic en el botón de "Login and pay".

7. Inicia sesión en tu cuenta de OVH o crea una nueva cuenta si no tienes una.

8. Confirma tu pedido y realiza el pago.

9. Espera a que te den tu servidor. Este proceso puede tardar algunos minutos.

Una vez que tu servidor esté listo, puedes iniciar sesión mediante SSH usando el nombre de usuario "root" y la contraseña que te haya proporcionado OVH en el correo electrónico. Consulta el capítulo 3 para obtener más información.

3 Configurar el servidor de VPN

Después de crear tu servidor en la nube o servidor privado virtual (VPS), sigue las instrucciones de este capítulo para conectarte a tu servidor mediante SSH, actualizar el sistema operativo e instalar WireGuard, OpenVPN o VPN IPsec con IKEv2.

3.1 Conectarse al servidor mediante SSH

Una vez creado tu servidor en la nube, puedes acceder al mismo mediante SSH. Puedes utilizar la terminal en tu computadora local o una herramienta como Git para Windows para conectarte a tu servidor mediante tu dirección IP y tus credenciales de inicio de sesión de root.

Para conectarte a tu servidor mediante SSH desde Windows, macOS o Linux, sigue los pasos a continuación:

1. Abre la terminal en tu computadora. En Windows, puedes utilizar un emulador de terminal como Git para Windows.

   Git para Windows: https://git-scm.com/downloads
   Descarga la versión portátil y haz doble clic para instalarla. Cuando hayas terminado, abre la carpeta "PortableGit" y haz doble clic para ejecutar "git-bash.exe".

2. Escribe el siguiente comando, reemplazando "username" con tu nombre de usuario (por ejemplo, "root") y "server-ip" con la dirección IP o el nombre de host de tu servidor:

```
ssh username@server-ip
```

3. Si es la primera vez que te conectas al servidor, es posible que se te pida que aceptes la huella digital de la clave SSH del servidor. Escribe "yes" y presiona enter para continuar.

4. Si estás usando una contraseña para iniciar sesión, se te solicitará que la ingreses. Escribe la misma y presiona enter.

5. Si es la primera vez que te conectas al servidor y se te pide que cambies la contraseña de root, ingresa una contraseña nueva que sea fuerte y segura. De lo contrario, omite este paso. Para la seguridad de tu servidor, es fundamental que elijas una contraseña que cumpla estas características.

6. Una vez estés autenticado, iniciarás sesión en el servidor a través de SSH.

7. Ahora puedes ejecutar comandos en el servidor a través de la terminal.

8. Para desconectarte del servidor, simplemente escribe el comando "exit" y presiona enter.

3.2 Actualizar el servidor

Después de conectarte al servidor mediante SSH, puedes actualizarlo ejecutando los siguientes comandos y reiniciando. Esto es opcional, pero se recomienda.

```
sudo apt update && sudo apt -y upgrade
sudo reboot
```

Las mejores prácticas de seguridad del servidor de Linux recomiendan que actualices regularmente el sistema operativo de tu servidor para mantenerlo actualizado con los últimos parches y actualizaciones de seguridad.

3.3 Instalar WireGuard

GitHub: https://github.com/hwdsl2/wireguard-install

Primero, conéctate a tu servidor usando SSH.

Descarga el script de instalación de WireGuard:

```
wget https://get.vpnsetup.net/wg -O wg.sh
```

Opción 1: Instalar WireGuard automáticamente usando las opciones predeterminadas.

```
sudo bash wg.sh --auto
```

Para servidores con un firewall externo (por ejemplo, Amazon EC2), abre el puerto UDP 51820 para la VPN.

Ejemplo:

```
$ sudo bash wg.sh --auto

WireGuard Script
https://github.com/hwdsl2/wireguard-install

Starting WireGuard setup using default options.

Server IP: 192.0.2.1
Port: UDP/51820
Client name: client
Client DNS: Google Public DNS
```

```
Installing WireGuard, please wait...
+ apt-get -yqq update
+ apt-get -yqq install wireguard qrencode
+ systemctl enable --now wg-iptables.service
+ systemctl enable --now wg-quick@wg0.service


-------------------------------
| Código QR para configuración |
| del cliente                  |
-------------------------------

↑  That  is  a  QR  code  containing  the  client
configuration.


Finished!


The  client  configuration  is  available  in:
/root/client.conf
New  clients  can  be  added  by  running  this  script
again.
```

Después de la configuración, puedes ejecutar el script nuevamente para administrar usuarios o desinstalar WireGuard. Consulta el capítulo 5 para obtener más información.

Próximos pasos: Haz que tu computadora o dispositivo use la VPN. Consulta:

4.2 Configurar clientes de WireGuard VPN

¡Disfruta de tu propia VPN!

Opción 2: Instalación interactiva usando opciones personalizadas.

```
sudo bash wg.sh
```

Puedes personalizar las siguientes opciones: Nombre de DNS del servidor, puerto UDP, servidor de DNS y nombre del primer cliente VPN.

Pasos de ejemplo (reemplázalos con tus propios valores):

Nota: Estas opciones pueden cambiar en versiones más actualizadas del script. Lee atentamente antes de seleccionar la opción que desees.

```
$ sudo bash wg.sh

Welcome to this WireGuard server installer!
GitHub: https://github.com/hwdsl2/wireguard-install

I need to ask you a few questions before starting
setup. You can use the default options and just press
enter if you are OK with them.
```

Introduce el nombre de DNS del servidor VPN:

```
Do you want WireGuard VPN clients to connect to this
server using a DNS name, e.g. vpn.example.com,
instead of its IP address? [y/N] y

Enter the DNS name of this VPN server:
vpn.example.com
```

Selecciona un puerto UDP para WireGuard:

```
Which port should WireGuard listen to?
Port [51820]:
```

Proporciona un nombre para el primer cliente:

```
Enter a name for the first client:
Name [client]:
```

Selecciona servidores DNS:

```
Select a DNS server for the client:
    1) Current system resolvers
    2) Google Public DNS
    3) Cloudflare DNS
    4) OpenDNS
    5) Quad9
    6) AdGuard DNS
    7) Custom
DNS server [2]:
```

Confirma e inicia la instalación de WireGuard:

```
WireGuard installation is ready to begin.
Do you want to continue? [Y/n]
```

Los usuarios avanzados también pueden instalar automáticamente WireGuard usando opciones personalizadas. Para obtener más información, ejecuta:

```
sudo bash wg.sh -h
```

Después de la configuración, puedes ejecutar el script nuevamente para administrar usuarios o desinstalar WireGuard. Consulta el capítulo 5 para obtener más información.

Próximos pasos: Haz que tu computadora o dispositivo utilice la VPN. Consulta:

4.2 Configurar clientes de WireGuard VPN

¡Disfruta de tu propia VPN!

3.4 Instalar OpenVPN

GitHub: https://github.com/hwdsl2/openvpn-install

Primero, conéctate a tu servidor usando SSH.

Descarga el script de instalación de OpenVPN:

```
wget https://get.vpnsetup.net/ovpn -O ovpn.sh
```

Opción 1: Instalar OpenVPN automáticamente usando las opciones predeterminadas.

```
sudo bash ovpn.sh --auto
```

Para servidores con un firewall externo (p.e., Amazon EC2), abre el puerto UDP 1194 para la VPN.

Ejemplo:

```
$ sudo bash ovpn.sh --auto

OpenVPN Script
https://github.com/hwdsl2/openvpn-install

Starting OpenVPN setup using default options.

Server IP: 192.0.2.1
Port: UDP/1194
Client name: client
Client DNS: Google Public DNS

Installing OpenVPN, please wait...
+ apt-get -yqq update
```

```
+ apt-get -yqq --no-install-recommends install \
  openvpn
+ apt-get -yqq install openssl ca-certificates
+ ./easyrsa --batch init-pki
+ ./easyrsa --batch build-ca nopass
+ ./easyrsa --batch --days=3650 build-server-full \
  server nopass
+ ./easyrsa --batch --days=3650 build-client-full \
  client nopass
+ ./easyrsa --batch --days=3650 gen-crl
+ openvpn --genkey --secret \
  /etc/openvpn/server/tc.key
+ systemctl enable --now openvpn-iptables.service
+ systemctl enable --now \
  openvpn-server@server.service

Finished!

The    client    configuration    is    available    in:
/root/client.ovpn
New  clients  can  be  added  by  running  this  script
again.
```

Después de la configuración, puedes ejecutar el script nuevamente para administrar usuarios o desinstalar OpenVPN. Consulta el capítulo 5 para obtener más información.

Próximos pasos: Haz que tu computadora o dispositivo use la VPN. Consulta:

4.3 Configurar clientes de OpenVPN

¡Disfruta de tu propia VPN!

Opción 2: Instalación interactiva usando opciones personalizadas.

```
sudo bash ovpn.sh
```

Puedes personalizar las siguientes opciones: nombre de DNS, protocolo (TCP/UDP) y puerto, servidor de DNS y nombre del primer cliente del servidor de VPN.

Pasos de ejemplo (reemplázalos con tus propios valores):

Nota: Estas opciones pueden cambiar en versiones más actualizadas del script. Lee atentamente antes de seleccionar la opción que desees.

```
$ sudo bash ovpn.sh

Welcome to this OpenVPN server installer!
GitHub: https://github.com/hwdsl2/openvpn-install

I need to ask you a few questions before starting
setup. You can use the default options and just press
enter if you are OK with them.
```

Introduce el nombre de DNS del servidor de VPN:

```
Do you want OpenVPN clients to connect to this server
using a DNS name, e.g. vpn.example.com, instead of
its IP address? [y/N] y

Enter the DNS name of this VPN server:
vpn.example.com
```

Selecciona el protocolo y el puerto para OpenVPN:

```
Which protocol should OpenVPN use?
    1) UDP (recommended)
    2) TCP
Protocol [1]:

Which port should OpenVPN listen to?
Port [1194]:
```

Selecciona servidores de DNS:

```
Select a DNS server for the clients:
    1) Current system resolvers
    2) Google Public DNS
    3) Cloudflare DNS
    4) OpenDNS
    5) Quad9
    6) AdGuard DNS
    7) Custom
DNS server [2]:
```

Proporciona un nombre para el primer cliente:

```
Enter a name for the first client:
Name [client]:
```

Confirma e inicia la instalación de OpenVPN:

```
OpenVPN installation is ready to begin.
Do you want to continue? [Y/n]
```

Los usuarios avanzados también pueden instalar automáticamente OpenVPN usando opciones personalizadas. Para obtener más información, ejecuta:

```
sudo bash ovpn.sh -h
```

Después de la configuración, puedes ejecutar el script nuevamente para administrar usuarios o desinstalar OpenVPN. Consulta el capítulo 5 para obtener más información.

Próximos pasos: Haz que tu computadora o dispositivo use la VPN. Consulta:

4.3 Configurar clientes de OpenVPN

¡Disfruta de tu propia VPN!

3.5 Instalar VPN IPsec con IKEv2

GitHub: https://github.com/hwdsl2/setup-ipsec-vpn

Primero, conéctate a tu servidor usando SSH.

Descarga el script de instalación de VPN IPsec:

```
wget https://get.vpnsetup.net -O vpn.sh
```

Opción 1: Instalación automática usando opciones predeterminadas.

```
sudo sh vpn.sh
```

Para servidores con un firewall externo (p.e., Amazon EC2), abre los puertos UDP 500 y 4500 para la VPN.

Ejemplo:

```
$ sudo sh vpn.sh

... ... (salida omitida)
================================================
```

IPsec VPN server is now ready for use!

Connect to your new VPN with these details:

Server IP: 192.0.2.1
IPsec PSK: [Tu clave precompartida de IPsec]
Username: vpnuser
Password: [Tu contraseña del VPN]

Write these down. You'll need them to connect!

VPN client setup: https://vpnsetup.net/clients

==

==

IKEv2 setup successful. Details for IKEv2 mode:

VPN server address: 192.0.2.1
VPN client name: vpnclient

Client configuration is available at:
/root/vpnclient.p12 (for Windows & Linux)
/root/vpnclient.sswan (for Android)
/root/vpnclient.mobileconfig (for iOS & macOS)

Next steps: Configure IKEv2 clients. See:
https://vpnsetup.net/clients

==

Después de la configuración, puedes ejecutar "sudo ikev2.sh" para administrar los clientes de IKEv2. Consulta el capítulo 5 para obtener más información.

Próximos pasos: Haz que tu computadora o dispositivo utilice la VPN. Consulta:

4.4 Configurar clientes de IKEv2 VPN

¡Disfruta de tu propia VPN!

Opción 2: Instalación interactiva usando opciones personalizadas.

```
sudo VPN_SKIP_IKEV2=yes sh vpn.sh
sudo ikev2.sh
```

Puedes personalizar las siguientes opciones: Nombre de DNS del servidor VPN, nombre y período de validez del primer cliente, servidor de DNS para clientes VPN y si deseas proteger con contraseña los archivos de configuración del cliente.

Pasos de ejemplo (reemplázalos con tus propios valores):

Nota: Estas opciones pueden cambiar en versiones más actualizadas del script. Lee atentamente antes de seleccionar la opción que desees.

```
$ sudo VPN_SKIP_IKEV2=yes sh vpn.sh
... ... (salida omitida)

$ sudo ikev2.sh

Welcome! Use this script to set up IKEv2 on your VPN
server.
```

I need to ask you a few questions before starting setup. You can use the default options and just press enter if you are OK with them.

Introduce el nombre de DNS del servidor de VPN:

Do you want IKEv2 clients to connect to this server using a DNS name, e.g. vpn.example.com, instead of its IP address? [y/N] y

Enter the DNS name of this VPN server:
vpn.example.com

Introduce el nombre y el período de validez del primer cliente:

Provide a name for the IKEv2 client.
Use one word only, no special characters except '-' and '_'.
Client name: [vpnclient]

Specify the validity period (in months) for this client certificate.
Enter an integer between 1 and 120: [120]

Especifica los servidores de DNS personalizados:

By default, clients are set to use Google Public DNS when the VPN is active.
Do you want to specify custom DNS servers for IKEv2? [y/N] y

Enter primary DNS server: 1.1.1.1
Enter secondary DNS server (Enter to skip): 1.0.0.1

Selecciona si deseas proteger con contraseña los archivos de configuración del cliente:

```
IKEv2 client config files contain the client
certificate, private key and CA certificate. This
script can optionally generate a random password to
protect these files.

Protect client config files using a password? [y/N]
```

Revisa y confirma las opciones de instalación:

```
We are ready to set up IKEv2 now.
Below are the setup options you selected.


==================================


Server address: vpn.example.com
Client name: vpnclient

Client cert valid for: 120 months
MOBIKE support: Not available
Protect client config: No
DNS server(s): 1.1.1.1 1.0.0.1


==================================


Do you want to continue? [Y/n]
```

Después de la configuración, puedes ejecutar "sudo ikev2.sh" para administrar los clientes IKEv2. Consulta el capítulo 5 para obtener más información.

Próximos pasos: Haz que tu computadora o dispositivo utilice la VPN. Consulta:

4.4 Configurar clientes de IKEv2 VPN

¡Disfruta de tu propia VPN!

3.6 Desinstalar la VPN

Si desea eliminar WireGuard, OpenVPN y/o IPsec VPN del servidor, siga estos pasos.

Advertencia: Toda la configuración de VPN se eliminará **permanentemente**. ¡Esto **no se puede deshacer**!

Primero, conéctate a tu servidor usando SSH.

Para desinstalar WireGuard, ejecuta:

```
sudo bash wg.sh
```

Verás las siguientes opciones:

```
WireGuard is already installed.

Select an option:
  1) Add a new client
  2) List existing clients
  3) Remove an existing client
  4) Show QR code for a client
  5) Remove WireGuard
  6) Exit
```

Selecciona la opción 5 del menú, escribiendo 5 y presionando enter. Luego confirma la eliminación de WireGuard.

Nota: Estas opciones pueden cambiar en versiones más actualizadas del script. Lee atentamente antes de seleccionar la opción que desees.

Para desinstalar OpenVPN, ejecuta:

```
sudo bash ovpn.sh
```

Verás las siguientes opciones:

```
OpenVPN is already installed.

Select an option:
  1) Add a new client
  2) Export config for an existing client
  3) List existing clients
  4) Revoke an existing client
  5) Remove OpenVPN
  6) Exit
```

Selecciona la opción 5 del menú, escribiendo 5 y presionando enter. Luego confirma la eliminación de OpenVPN.

Para desinstalar IPsec VPN, descargue y ejecute el script auxiliar:

```
wget https://get.vpnsetup.net/unst -O unst.sh
sudo bash unst.sh
```

Cuando se le solicite, confirme la eliminación de la VPN IPsec.

4 Configurar clientes de VPN

En este capítulo, aprenderás a transferir archivos de configuración de cliente desde el servidor de VPN a tu computadora local y a configurar clientes WireGuard VPN, OpenVPN e IKEv2 VPN en Windows, macOS, Android e iOS.

4.1 Transferir archivos desde el servidor

Al configurar clientes de VPN, es posible que debas transferir de forma segura los archivos de configuración de cliente desde el servidor a tu computadora local. Una forma de hacerlo es mediante el comando "scp". Pasos de ejemplo:

1. Abre la terminal en tu computadora. En Windows, puedes usar un emulador de terminal como Git para Windows.

   Git para Windows: https://git-scm.com/downloads
   Descarga la versión portátil y luego haz doble clic para instalar. Cuando haya terminado, abre la carpeta "PortableGit" y haz doble clic para ejecutar "git-bash.exe".

2. Escribe el siguiente comando, reemplazando "username" con tu nombre de usuario SSH (por ejemplo, "root"), "server-ip" con la dirección IP o el nombre de host de tu servidor, "/path/to/file" con la ruta al archivo en el servidor y "/local/folder" con la carpeta local donde deseas guardar el archivo.

   ```
   scp username@server-ip:/path/to/file /local/folder
   ```

3. Por ejemplo, si deseas autenticarte como "root" y transferir "/root/client.conf" desde el servidor con la dirección de IP "192.0.2.1" a la carpeta de trabajo actual en la computadora local:

```
scp root@192.0.2.1:/root/client.conf ./
```

Nota: Si usas Git para Windows, la carpeta local "/" generalmente toma la carpeta de instalación, por ejemplo, "PortableGit".

4. Si utilizas una contraseña para iniciar sesión, se te solicitará que ingreses tu contraseña. Escribe tu contraseña y presiona Enter.

5. Luego, el archivo se transferirá desde el servidor y se guardará en la carpeta local que especificaste.

4.2 Configurar clientes de WireGuard VPN

Los clientes de WireGuard VPN están disponibles para Windows, macOS, iOS y Android:
https://www.wireguard.com/install/

Para agregar una conexión de VPN, abre la aplicación de WireGuard en tu dispositivo móvil, toca el botón de "Agregar" y escanea el código QR generado en la salida del script. Para Windows y macOS, primero transfiere de forma segura el archivo ".conf" generado a tu computadora, luego abre WireGuard e importa el archivo.

Para administrar los clientes VPN de WireGuard, ejecuta nuevamente el script de instalación: "sudo bash wg.sh". Consulta el capítulo 5 para obtener más información.

- Plataformas
  - Windows
  - macOS
  - Android
  - iOS (iPhone/iPad)

Clientes de WireGuard VPN:
https://www.wireguard.com/install/

4.2.1 Windows

1. Transfiere de forma segura el archivo ".conf" generado a tu computadora.
2. Instala e inicia el cliente de VPN **WireGuard**.
3. Haz clic en **Importar túnel(es) desde archivo**.
4. Busca y selecciona el archivo ".conf", luego haz clic en **Abrir**.
5. Haz clic en **Activar**.

4.2.2 macOS

1. Transfiere de forma segura el archivo ".conf" generado a tu computadora.
2. Instala e inicia la aplicación **WireGuard** desde la **App Store**.
3. Haz clic en **Importar túnel(es) desde archivo**.
4. Busca y selecciona el archivo ".conf", luego haz clic en **Importar**.
5. Haz clic en **Activo**.

4.2.3 Android

1. Instala y ejecuta la aplicación **WireGuard** desde **Google Play**.
2. Pulsa el botón "+" y, entonces, pulsa **Escanear desde código QR**.
3. Escanea el código QR generado en la salida del script del VPN.
4. Introduce lo que quieras para el **Nombre del túnel**.
5. Pulsa **Crear túnel**.
6. Desliza el interruptor a la posición ON para el nuevo perfil de VPN.

4.2.4 iOS (iPhone/iPad)

1. Instala y ejecuta la aplicación **WireGuard** desde **App Store**.
2. Pulsa **Agregar un túnel** y, entonces, pulsa **Crear desde código QR**.
3. Escanea el código QR generado en la salida del script de VPN.
4. Introduce lo que quieras para el nombre del túnel.
5. Pulsa **Guardar**.
6. Desliza el interruptor a la posición ON para el nuevo perfil de VPN.

4.3 Configurar clientes de OpenVPN

Los clientes de OpenVPN (https://openvpn.net/vpn-client/) están disponibles para Windows, macOS, iOS y Android. Los usuarios de macOS también pueden usar Tunnelblick (https://tunnelblick.net).

Para agregar una conexión de VPN, primero transfiere de forma segura el archivo ".ovpn" generado a tu dispositivo, luego abre la aplicación OpenVPN e importa el perfil de VPN.

Para administrar clientes de OpenVPN, ejecuta nuevamente el script de instalación: "sudo bash ovpn.sh". Consulta el capítulo 5 para obtener más información.

- Plataformas
  - Windows
  - macOS
  - Android
  - iOS (iPhone/iPad)

Clientes de OpenVPN: https://openvpn.net/vpn-client/

4.3.1 Windows

1. Transfiere de forma segura el archivo ".ovpn" generado a tu computadora.
2. Instala e inicia el cliente de VPN **OpenVPN Connect**.
3. En la pantalla **Get connected**, haz clic en la pestaña **Upload file**.
4. Arrastra y suelta el archivo ".ovpn" en la ventana, o busca y selecciona el archivo ".ovpn", y luego haz clic en **Abrir**.
5. Haz clic en **Connect**.

4.3.2 macOS

1. Transfiere de forma segura el archivo ".ovpn" generado a tu computadora.
2. Instala e inicia Tunnelblick (https://tunnelblick.net).

3. En la pantalla de bienvenida, haz clic en **Tengo archivos de configuración**.
4. En la pantalla **Añadir una configuración**, haz clic en **OK**.
5. Haz clic en el icono de Tunnelblick en la barra de menú y, entonces, selecciona **Detalles de VPN**.
6. Arrastra y suelta el archivo ".ovpn" en la ventana **Configuraciones** (panel izquierdo).
7. Sigue las instrucciones que aparecen en pantalla para instalar el perfil de OpenVPN.
8. Haz clic en **Conectar**.

4.3.3 Android

1. Transfiere de forma segura el archivo ".ovpn" generado a tu dispositivo Android.
2. Instala y ejecuta **OpenVPN Connect** desde **Google Play**.
3. En la pantalla **Get connected**, pulsa la pestaña **Upload file**.
4. Pulsa **Browse** y, entonces, busca y selecciona el archivo ".ovpn".
   Nota: Para encontrar el archivo ".ovpn", pulsa el botón de menú de tres líneas y, entonces, busca la ubicación en la que guardaste el archivo.
5. En la pantalla **Imported Profile**, pulsa **Connect**.

4.3.4 iOS (iPhone/iPad)

Primero, instala e inicia **OpenVPN Connect** desde la **App Store**. Luego, transfiere de forma segura el archivo ".ovpn" generado a tu dispositivo iOS. Para transferir el archivo, puedes seguir los siguientes pasos:

1. Envía el archivo por AirDrop y ábrelo con OpenVPN, o
2. Súbelo a tu dispositivo (carpeta de la aplicación OpenVPN) usando compartir archivos (https://support.apple.com/es-us/119585), luego inicia la aplicación OpenVPN Connect y pulsa la pestaña **File**.

Cuando hayas terminado, pulsa **Add** para importar el perfil VPN, luego pulsa **Connect**.

Para personalizar la configuración de la aplicación OpenVPN Connect, pulsa el botón de menú de tres líneas y luego pulsa **Settings**.

4.4 Configurar clientes de IKEv2 VPN

IKEv2 es compatible de forma nativa con Windows, macOS, iOS y Chrome OS. No es necesario instalar ningún software adicional. Los usuarios de Android pueden usar el cliente de VPN gratuito strongSwan.

Para administrar clientes IKEv2, ejecuta "sudo ikev2.sh" en tu servidor. Consulta el capítulo 5 para obtener más información.

- Plataformas
    - Windows
    - macOS
    - Android
    - iOS (iPhone/iPad)
    - Chrome OS (Chromebook)

4.4.1 Windows

4.4.1.1 Importación automática de la configuración

Video: Configuración de importación automática de IKEv2 en Windows

Ver en YouTube: https://youtu.be/H8-S35OgoeE

Los usuarios de Windows 8, 10 y 11+ pueden importar automáticamente la configuración de IKEv2:

1. Transfiere de forma segura el archivo ".p12" generado a tu computadora.
2. Descarga   ikev2_config_import.cmd (https://github.com/hwdsl2/vpn-extras/releases/latest/download/ikev2_config_import.cmd) y guarda este script auxiliar en la **misma carpeta** que el archivo ".p12".
3. Haz clic derecho en el script guardado y selecciona **Propiedades**. Haz clic en **Desbloquear** en la parte inferior y entonces haz clic en **Aceptar**.
4. Haz clic derecho en el script guardado, selecciona **Ejecutar como administrador** y sigue las instrucciones.

Para conectarse a la VPN: Haz clic en el ícono de red en la bandeja del sistema, selecciona la nueva entrada de VPN y haz clic en **Conectar**. Una vez conectado, puedes verificar que tu tráfico se esté enrutando correctamente buscando tu dirección IP en Google. Deberías ver "Su dirección IP pública es: IP de tu servidor de VPN".

4.4.1.2 Importar manualmente la configuración

Video: Importación manual de la configuración de IKEv2 en Windows
Ver en YouTube: https://youtu.be/-CDnvh58EJM

Alternativamente, los usuarios de Windows 8, 10 y 11+ pueden importar manualmente la configuración de IKEv2:

1. Transfiere de forma segura el archivo .p12 generado en tu computadora y luego impórtalo al almacén de certificados. Para importar el archivo .p12, ejecuta lo siguiente desde un símbolo del sistema con privilegios elevados:

```
# Importa el archivo .p12 (reemplázalo con
# tu propio valor)
certutil -f -importpfx \
    "\path\to\your\file.p12" NoExport
```

Nota: Cuando se le solicite la contraseña, presione Enter para continuar.

2. En la computadora con Windows, agrega una nueva conexión VPN IKEv2. Ejecute lo siguiente desde un símbolo del sistema:

```
# Crea la conexión de VPN (reemplaza la dirección
# del servidor con tu propio valor)
powershell -command ^"Add-VpnConnection ^
    -ServerAddress 'IP de tu servidor de VPN' ^
    -Name 'My IKEv2 VPN' -TunnelType IKEv2 ^
    -AuthenticationMethod MachineCertificate ^
    -EncryptionLevel Required -PassThru^"

# Establece la configuración de IPsec
powershell -command ^
```

```
^"Set-VpnConnectionIPsecConfiguration ^
-ConnectionName 'My IKEv2 VPN' ^
-AuthenticationTransformConstants GCMAES128 ^
-CipherTransformConstants GCMAES128 ^
-EncryptionMethod AES256 ^
-IntegrityCheckMethod SHA256 -PfsGroup None ^
-DHGroup Group14 -PassThru -Force^"
```

Para conectarse a la VPN: Haz clic en el ícono de red en la bandeja del sistema, selecciona la nueva entrada de VPN y haz clic en **Conectar**. Una vez conectado, puedes verificar que tu tráfico se esté enrutando correctamente buscando tu dirección IP en Google. Deberías ver "Su dirección IP pública es: IP de tu servidor de VPN".

4.4.1.3 Eliminar la conexión de VPN

Si sigues estos pasos, puedes eliminar la conexión de VPN y, opcionalmente, restaurar el equipo hasta antes de la importación de la configuración de IKEv2.

1. Ve a Configuración de Windows → Red → VPN y elimina la conexión VPN añadida.

2. (Opcional) Elimina los certificados IKEv2.

   1. Presiona Win+R e ingresa certlm.msc, o busca certlm.msc en el menú Inicio. Abre Certificados – Equipo local.

   2. Dirígete a Personal → Certificados y elimina el certificado de cliente IKEv2. El nombre del certificado es el mismo que el nombre de cliente IKEv2 que especificaste (predeterminado: vpnclient). El certificado fue emitido por IKEv2 VPN CA.

3. Dirígete a `Entidades de certificación raíz de confianza` → `Certificados` y elimina el certificado de IKEv2 VPN CA. El certificado fue emitido a `IKEv2 VPN CA` por `IKEv2 VPN CA`. Antes de eliminarlo, asegúrate de que no haya otros certificados emitidos por `IKEv2 VPN CA` en `Personal` → `Certificados`.

4.4.2 macOS

Video: Configuración de importación y conexión de IKEv2 en macOS
Ver en YouTube: https://youtu.be/E2IZMUtR7kU

Primero, transfiere de forma segura el archivo ".mobileconfig" generado a tu Mac, luego haz doble clic y sigue las indicaciones para importar como un perfil de macOS. Si tu Mac ejecuta macOS Big Sur o una versión más reciente, abre Configuración del Sistema y dirígete a la sección Perfiles para finalizar la importación. Para macOS Ventura y versiones más recientes, abre Configuración del Sistema y busca Perfiles. Cuando hayas terminado, verifica que "IKEv2 VPN" aparezca en Configuración del Sistema → Perfiles.

Para conectarse a la VPN:

1. Abre Configuración del Sistema y dirígete a la sección de Red.
2. Selecciona la conexión VPN con "IP de su servidor VPN".
3. Marca la casilla de verificación **Mostrar estado de VPN en barra de menús**. Para macOS Ventura y versiones más recientes, esta configuración se puede cambiar en la sección de Configuración del Sistema → Centro de control → Solo barra de menús.

4. Haz clic en **Conectar** o desliza el interruptor de VPN a la posición ON.

(Función opcional) Activa **VPN On Demand** para iniciar automáticamente una conexión VPN cuando tu Mac esté en Wi-Fi. Para activarla, marca la casilla de verificación **Conexión por solicitud** para la conexión VPN y haz clic en **Aplicar**. Para encontrar esta configuración en macOS Ventura y versiones posteriores, haz clic en el ícono de "i" a la derecha de la conexión de VPN.

Una vez conectado, puedes verificar que tu tráfico se esté enrutando correctamente buscando tu dirección de IP en Google. Deberías ver "Su dirección IP pública es: IP de tu servidor de VPN".

Para eliminar la conexión VPN, abre Configuración del sistema → Perfiles y elimina el perfil VPN IKEv2 que agregaste.

4.4.3 Android

4.4.3.1 Usar el cliente VPN strongSwan

Video: Conéctate usando el cliente de VPN strongSwan de Android
Ver en YouTube: https://youtu.be/i6j1N_7cI-w

Los usuarios de Android pueden conectarse utilizando el cliente VPN strongSwan (recomendado).

1. Transfiere de forma segura el archivo ".sswan" generado a tu dispositivo Android.
2. Instala strongSwan VPN Client desde **Google Play**.
3. Inicia strongSwan VPN Client.

4. Pulsa el menú "más opciones" en la parte superior derecha y, entonces, pulsa **Import VPN profile**.

5. Elige el archivo ".sswan" que has transferido desde el servidor de VPN.

    Nota: Para encontrar el archivo ".sswan", pulsa el botón de menú de tres líneas y, entonces, busca la ubicación en la que has guardado el archivo.

6. En la pantalla "Import VPN profile", pulsa **Import certificate from VPN profile** y sigue las indicaciones.

7. En la pantalla "Seleccionar certificado", selecciona el nuevo certificado de cliente y, entonces, pulsa **Seleccionar**.

8. Pulsa **Import**.

9. Pulsa el nuevo perfil de VPN para conectarte.

(Función opcional) Puedes elegir habilitar la función "VPN siempre activada" en Android. Inicia la aplicación **Ajustes**, ve a Redes e Internet → VPN, haz clic en el icono de engranaje a la derecha de "strongSwan VPN Client" y, entonces, habilita las opciones **VPN siempre activada** y **Bloquear conexiones sin VPN**.

Una vez conectado, puedes verificar que tu tráfico se esté enrutando correctamente buscando tu dirección de IP en Google. Deberías ver "Su dirección IP pública es: IP de tu servidor de VPN".

4.4.3.2 Usar el cliente IKEv2 nativo

Video: Conéctese usando el cliente VPN nativo en Android 11+

Ver en YouTube: https://youtu.be/Cai6k4GgkEE

Los usuarios de Android 11+ también pueden conectarse usando el cliente IKEv2 nativo.

1. Transfiere de forma segura el archivo `.p12` generado a tu dispositivo Android.
2. Abre la aplicación **Ajustes**.
3. Dirígete a Seguridad → Cifrado y credenciales.
4. Pulsa **Instalar certificados**.
5. Pulsa **Certificado de usuario**.
6. Elige el archivo `.p12` que transferiste desde el servidor de VPN.

    Nota: Para encontrar el archivo `.p12`, toca el botón de menú de tres líneas y luego navega hasta la ubicación donde guardaste el archivo.
7. Ingresa un nombre para el certificado y luego toca **Aceptar**.
8. Dirígete a Ajustes → Redes e Internet → VPN y luego toca el botón "+".
9. Ingresa un nombre para el perfil de VPN.
10. Selecciona **IKEv2/IPSec RSA** en el menú desplegable **Tipo**.
11. Ingresa `IP de tu servidor de VPN` para el **Dirección del servidor**.
12. Ingresa lo que desees para el **Identificador de IPSec**.

    Nota: Este campo no debería ser obligatorio. Es un error en Android.
13. Selecciona el certificado que importaste del menú desplegable **Certificado de usuario de IPSec**.
14. Selecciona el certificado que importaste del menú desplegable **Certificado de CA de IPSec**.
15. Selecciona **(Recibido del servidor)** en el menú desplegable **Certificado de servidor IPSec**.

16. Pulsa **Guardar**. Luego, toca la nueva conexión de VPN y pulsa **Conectar**.

Una vez conectado, puedes verificar que tu tráfico se esté enrutando correctamente buscando tu dirección de IP en Google. Deberías ver "Su dirección IP pública es: IP de tu servidor de VPN".

4.4.4 iOS (iPhone/iPad)

Video: Importación de configuración y conexión de IKEv2 en iOS (iPhone y iPad)
Ver en YouTube: https://youtube.com/shorts/Y5HuX7jk_Kc

Primero, transfiere de forma segura el archivo ".mobileconfig" generado a tu dispositivo, luego impórtalo como un perfil de iOS. Para transferir el archivo, puedes:

1. Usar AirDrop, o
2. Cargar el archivo a tu dispositivo (cualquier carpeta de aplicaciones) usando compartir archivos (https://support.apple.com/es-us/119585), luego abre la aplicación "Archivos" en tu dispositivo iOS y mueve el archivo cargado a la carpeta "iPhone". Luego, toca el archivo y dirígete a la aplicación "Configuración" para importarlo, o
3. Alojar el archivo en un sitio web seguro suyo, y luego descargarlo e importarlo en Mobile Safari.

Cuando hayas terminado, asegúrate de que "IKEv2 VPN" aparezca en Configuración → General → Admin. de dispositivos y VPN o Perfil(es).

Para conectarte a la VPN:

1. Dirígete a Configuración → VPN. Selecciona la conexión VPN con `IP de tu servidor de VPN`.
2. Desliza el interruptor **VPN** a la posición ON.

(Función opcional) Habilita **VPN On Demand** para iniciar automáticamente una conexión VPN cuando tu dispositivo iOS esté conectado a Wi-Fi. Para habilitarlo, toca el ícono "i" a la derecha de la conexión VPN y habilita **Conexión por solicitud**.

Una vez conectado, puedes verificar que tu tráfico se esté enrutando correctamente buscando tu dirección IP en Google. Deberías ver "Su dirección IP pública es `IP de tu servidor de VPN`".

Para eliminar la conexión VPN, abre Configuración → General → Admin. de dispositivos y VPN o Perfil(es) y elimina el perfil VPN IKEv2 que añadiste.

4.4.5 Chrome OS (Chromebook)

Primero, en tu servidor de VPN, exporta el certificado CA como "ca.cer":

```
sudo certutil -L -d sql:/etc/ipsec.d \
  -n "IKEv2 VPN CA" -a -o ca.cer
```

Transfiere de forma segura los archivos ".p12" y "ca.cer" generados a tu dispositivo Chrome OS.

Instala los certificados de usuario y CA:

1. Abre una nueva pestaña en Google Chrome.
2. En la barra de direcciones, ingresa:
   chrome://settings/certificates

3. **(Importante)** Haz clic en **Importar y vincular**, no en **Importar**.

4. En el cuadro que se abre, elige el archivo ".p12" que transferiste desde el servidor de VPN y selecciona **Abrir**.

5. Haz clic en **Aceptar** si el certificado no tiene contraseña. De lo contrario, ingresa la contraseña del certificado.

6. Haz clic en la pestaña **Entidades emisoras**. Luego, haz clic en **Importar**.

7. En el cuadro que se abre, selecciona **Todos los archivos** en el menú desplegable de la parte inferior izquierda.

8. Elige el archivo "ca.cer" que transferiste desde el servidor de VPN y selecciona **Abrir**.

9. Mantén las opciones predeterminadas y haz clic en **Aceptar**.

Agrega una nueva conexión de VPN:

1. Dirígete a Configuración → Red.

2. Haz clic en **Añadir conexión** y, entonces, en **Añadir VPN integrada**.

3. Ingresa lo que desees para el **Nombre de servicio**.

4. Selecciona **IPsec (IKEv2)** en el menú desplegable **Tipo de proveedor**.

5. Ingresa IP de tu servidor de VPN para el **Nombre de host del servidor**.

6. Selecciona **Certificado de usuario** en el menú desplegable **Tipo de autenticación**.

7. Selecciona **IKEv2 VPN CA [IKEv2 VPN CA]** en el menú desplegable **Certificado CA del servidor**.

8. Selecciona **IKEv2 VPN CA [nombre del cliente]** en el menú desplegable **Certificado de usuario**.

9. Deja los demás campos en blanco.

10. Habilita **Guardar la identidad y la contraseña**.

11. Haz clic en **Conectar**.

(Función opcional) Puedes optar por habilitar la función "VPN siempre activada" en Chrome OS. Para administrar esta configuración, dirígete a Configuración → Red y, luego, haz clic en **VPN**.

Una vez conectado, verás un ícono de VPN superpuesto al ícono de estado de la red. Puedes verificar que tu tráfico se esté enrutando correctamente buscando tu dirección de IP en Google. Deberías ver "Su dirección IP pública es: IP de tu servidor de VPN".

5 Administrar clientes de VPN

Después de configurar el servidor de VPN, puede administrar clientes WireGuard VPN, OpenVPN e IKEv2 VPN siguiendo las instrucciones de este capítulo.

Por ejemplo, puede agregar nuevos clientes de VPN al servidor para tus computadoras y dispositivos móviles adicionales, listar los clientes de VPN existentes o exportar la configuración de un cliente existente.

5.1 Administrar clientes de WireGuard VPN

Para administrar clientes de WireGuard VPN, primero conéctate a tu servidor usando SSH (consulta el capítulo 3), luego ejecuta:

```
sudo bash wg.sh
```

Verás las siguientes opciones:

```
WireGuard is already installed.

Select an option:
  1) Add a new client
  2) List existing clients
  3) Remove an existing client
  4) Show QR code for a client
  5) Remove WireGuard
  6) Exit
```

Luego puedes ingresar la opción deseada para agregar, listar o eliminar clientes de WireGuard VPN.

Nota: Estas opciones pueden cambiar en versiones más actualizadas del script. Lee atentamente antes de seleccionar la opción deseada.

Alternativamente, puedes ejecutar "wg.sh" con opciones de línea de comandos. Lee a continuación para obtener más información.

5.1.1 Agregar un nuevo cliente

Para agregar un nuevo cliente de WireGuard VPN:

1. Selecciona la opción 1 del menú, escribiendo 1 y presionando enter.
2. Proporciona un nombre para el nuevo cliente.
3. Selecciona un servidor de DNS para el nuevo cliente que se utilizará mientras estás conectado a la VPN.

Alternativamente, puedes ejecutar "wg.sh" con la opción "--addclient". Utiliza la opción "-h" para mostrar el uso.

```
sudo bash wg.sh --addclient [nombre del cliente]
```

Próximos pasos: Configurar clientes de WireGuard VPN. Consulta el capítulo 4, sección 4.2 para obtener más información.

5.1.2 Listar clientes existentes

Selecciona la opción 2 del menú, escribiendo 2 y presionando enter. El script mostrará una lista de clientes de WireGuard VPN existentes.

Alternativamente, puedes ejecutar "wg.sh" con la opción "--listclients".

```
sudo bash wg.sh --listclients
```

5.1.3 Eliminar un cliente

Para eliminar un cliente de WireGuard VPN existente:

1. Selecciona la opción 3 del menú, escribiendo 3 y presionando enter.
2. De la lista de clientes existentes, selecciona el cliente que deseas eliminar.
3. Confirma la eliminación del cliente.

Alternativamente, puedes ejecutar "wg.sh" con la opción "--removeclient".

```
sudo bash wg.sh --removeclient [nombre del cliente]
```

5.1.4 Mostrar el código QR de un cliente

Para mostrar el código QR de un cliente existente:

1. Selecciona la opción 4 del menú, escribiendo 4 y presionando Enter.
2. De la lista de clientes existentes, selecciona el cliente para el que deseas ver el código QR.

Alternativamente, puede ejecutar "wg.sh" con la opción "--showclientqr".

```
sudo bash wg.sh --showclientqr [nombre del cliente]
```

Puedes usar códigos QR para configurar clientes de WireGuard VPN para Android e iOS. Consulta el capítulo 4, sección 4.2 para obtener más información.

5.2 Administrar clientes de OpenVPN

Para administrar clientes de OpenVPN, primero conéctate a tu servidor usando SSH (consulta el capítulo 3), luego ejecuta:

```
sudo bash ovpn.sh
```

Verás las siguientes opciones:

```
OpenVPN is already installed.

Select an option:
  1) Add a new client
  2) Export config for an existing client
  3) List existing clients
  4) Revoke an existing client
  5) Remove OpenVPN
  6) Exit
```

Luego puedes ingresar la opción que desees para agregar, exportar, listar o revocar clientes de OpenVPN.

Nota: Estas opciones pueden cambiar en versiones más actualizadas del script. Lee atentamente antes de seleccionar la opción deseada.

Alternativamente, puedes ejecutar "ovpn.sh" con opciones de línea de comandos. Lee a continuación para obtener más información.

5.2.1 Agregar un nuevo cliente

Para agregar un nuevo cliente de OpenVPN:

1. Selecciona la opción 1 del menú, escribiendo 1 y presionando enter.
2. Proporciona un nombre para el nuevo cliente.

Alternativamente, puedes ejecutar "ovpn.sh" con la opción "--addclient". Utiliza la opción "-h" para mostrar el uso.

```
sudo bash ovpn.sh --addclient [nombre del cliente]
```

Próximos pasos: Configurar clientes de OpenVPN. Consulta el capítulo 4, sección 4.3 para obtener más información.

5.2.2 Exportar un cliente existente

Para exportar la configuración de OpenVPN para un cliente existente:

1. Selecciona la opción 2 del menú, escribiendo 2 y presionando enter.
2. De la lista de clientes existentes, selecciona el cliente que deseas exportar.

Alternativamente, puedes ejecutar "ovpn.sh" con la opción "--exportclient".

```
sudo bash ovpn.sh --exportclient [nombre del cliente]
```

5.2.3 Listar clientes existentes

Selecciona la opción 3 del menú, escribiendo 3 y presionando enter. El script mostrará una lista de los clientes de OpenVPN existentes.

Alternativamente, puedes ejecutar "ovpn.sh" con la opción "--listclients".

```
sudo bash ovpn.sh --listclients
```

5.2.4 Revocar un cliente

En determinadas circunstancias, puede que necesites revocar un certificado de cliente de OpenVPN generado anteriormente.

1. Selecciona la opción 4 del menú, escribiendo 4 y presionando enter.
2. De la lista de clientes existentes, selecciona el cliente que deseas revocar.
3. Confirma la revocación del cliente.

Alternativamente, puedes ejecutar "ovpn.sh" con la opción "--revokeclient".

```
sudo bash ovpn.sh --revokeclient [nombre del cliente]
```

5.3 Administrar clientes de IKEv2 VPN

Para administrar clientes de IKEv2 VPN, primero conéctate a tu servidor usando SSH (consulta el capítulo 3), luego ejecuta:

```
sudo ikev2.sh
```

Verás las siguientes opciones:

```
IKEv2 is already set up on this server.

Select an option:
    1) Add a new client
    2) Export config for an existing client
    3) List existing clients
    4) Revoke an existing client
    5) Delete an existing client
    6) Remove IKEv2
    7) Exit
```

Luego puedes ingresar la opción que desees para administrar clientes de IKEv2.

Nota: Estas opciones pueden cambiar en versiones más actualizadas del script. Lee atentamente antes de seleccionar la opción que desees.

Alternativamente, puede ejecutar "ikev2.sh" con opciones de línea de comandos. Lee a continuación para obtener más información.

5.3.1 Agregar un nuevo cliente

Para agregar un nuevo cliente de IKEv2:

1. Selecciona la opción 1 del menú, escribiendo 1 y presionando Enter.
2. Proporciona un nombre para el nuevo cliente.
3. Especifica el período de validez del nuevo certificado de cliente.

Alternativamente, puedes ejecutar "ikev2.sh" con la opción "--addclient". Utiliza la opción "-h" para mostrar el uso.

```
sudo ikev2.sh --addclient [nombre del cliente]
```

Próximos pasos: Configurar clientes de IKEv2 VPN. Consulta el capítulo 4, sección 4.4 para obtener más información.

5.3.2 Exportar un cliente existente

Para exportar la configuración de IKEv2 para un cliente existente:

1. Selecciona la opción 2 del menú, escribiendo 2 y presionando Enter.
2. De la lista de clientes existentes, ingresa el nombre del cliente que deseas exportar.

Alternativamente, puedes ejecutar "ikev2.sh" con la opción "--exportclient".

```
sudo ikev2.sh --exportclient [nombre del cliente]
```

5.3.3 Listar clientes existentes

Selecciona la opción 3 del menú, escribiendo 3 y presionando enter. El script mostrará una lista de clientes IKEv2 existentes.

Alternativamente, puedes ejecutar "ikev2.sh" con la opción "--listclients".

```
sudo ikev2.sh --listclients
```

5.3.4 Revocar un cliente

En determinadas circunstancias, puede que necesites revocar un certificado de cliente de IKEv2 generado anteriormente.

1. Selecciona la opción 4 del menú, escribiendo 4 y presionando enter.
2. De la lista de clientes existentes, ingresa el nombre del cliente que deseas revocar.
3. Confirma la revocación del cliente.

Alternativamente, puedes ejecutar "ikev2.sh" con la opción "--revokeclient".

```
sudo ikev2.sh --revokeclient [nombre del cliente]
```

5.3.5 Eliminar un cliente

Para eliminar un cliente de IKEv2 existente:

1. Selecciona la opción 5 del menú, escribiendo 5 y presionando enter.
2. De la lista de clientes existentes, ingresa el nombre del cliente que deseas eliminar.
3. Confirma la eliminación del cliente.

Alternativamente, puedes ejecutar "ikev2.sh" con la opción "--deleteclient".

```
sudo ikev2.sh --deleteclient [nombre del cliente]
```

Acerca del autor

Lin Song, PhD, es un ingeniero de software y desarrollador de código abierto. Creó y sigue manteniendo en la actualidad los proyectos Setup IPsec VPN en GitHub desde 2014, los cuales permiten configurar un servidor de VPN en solo unos minutos. Los proyectos tienen más de 20.000 estrellas en GitHub y más de 30 millones de pulls de Docker, y han ayudado a millones de usuarios a configurar sus propios servidores de VPN.

Conéctate con Lin Song
GitHub: https://github.com/hwdsl2
LinkedIn: https://www.linkedin.com/in/linsongui

¡Gracias por leer! Espero que aproveches al máximo la lectura de este libro. Si el mismo te resultó útil, te agradecería mucho que dejaras una calificación o publicaras una breve reseña.

Gracias,
Lin Song
Autor